BEI GRIN MACHT SICH IHR WISSEN BEZAHLT

AF 152243

- Wir veröffentlichen Ihre Hausarbeit,
  Bachelor- und Masterarbeit

- Ihr eigenes eBook und Buch -
  weltweit in allen wichtigen Shops

- Verdienen Sie an jedem Verkauf

Jetzt bei www.GRIN.com hochladen und kostenlos publizieren

Romy Stefanie Becker

Die Regressionsanalyse

Anwendung an einem Fallbeispiel zur Untersuchung des Einflusses der Unternehmensinternationalität auf den Unternehmenserfolg

GRIN Verlag

Bibliografische Information der Deutschen Nationalbibliothek:

Die Deutsche Bibliothek verzeichnet diese Publikation in der Deutschen National-
bibliografie; detaillierte bibliografische Daten sind im Internet über http://dnb.d-
nb.de/ abrufbar.

Impressum:

Copyright © 2010 GRIN Verlag, Open Publishing GmbH
Druck und Bindung: Books on Demand GmbH, Norderstedt Germany
ISBN: 978-3-640-84258-2

Dieses Buch bei GRIN:

http://www.grin.com/de/e-book/166347/die-regressionsanalyse

GRIN - Your knowledge has value

Der GRIN Verlag publiziert seit 1998 wissenschaftliche Arbeiten von Studenten, Hochschullehrern und anderen Akademikern als eBook und gedrucktes Buch. Die Verlagswebsite www.grin.com ist die ideale Plattform zur Veröffentlichung von Hausarbeiten, Abschlussarbeiten, wissenschaftlichen Aufsätzen, Dissertationen und Fachbüchern.

Besuchen Sie uns im Internet:

http://www.grin.com/

http://www.facebook.com/grincom

http://www.twitter.com/grin_com

Die Regressionsanalyse

Anwendung an einem Fallbeispiel zur Untersuchung des Einflusses der Unternehmensinternationalität auf den Unternehmenserfolg

Romy Stefanie Becker
Multivariate Datenanalyse

Inhaltsverzeichnis

Abkürzungsverzeichnis

bspw.	beispielsweise
bzw.	beziehungsweise
CETS	Kapitalaufwand
d.h.	das heißt
EBITS	Gewinn vor Zinsen und Steuern
FATA	Auslandsaktiva
FSTS	Auslandsumsätze
O.g.	Oben genanntes
RDS	Forschungs- und Entwicklungsaufwendungen
ROA	Gesamtkapitalrentabilität
ROE	Eigenkapitalrentabilität
SAS	Marketing- und Verwaltungsaufwendungen
TA	Aktiva
TDTA	Fremdkapitalquote
TQ	Tobin's Q
VIF	variance inflation factor

Tabellenverzeichnis

Abbildungsverzeichnis

1. Thematische Einleitung

Die grenzüberschreitende Tätigkeit von Unternehmen stellt in der heutigen Zeit kein besonderes Phänomen[1] dar, sondern ist in vielen Wirtschaftsbereichen eher die Norm. Viele Unternehmen unterhalten Auslandsbeziehungen zu ausländischen Kunden sowie ausländischen Lieferanten, kooperieren beispielsweise bei der Entwicklung neuer Produkte mit ausländischen Wettbewerbern[2] oder betreiben Tochtergesellschaften im Ausland, welche mit dem Vertrieb der Produkte des Unternehmens auf den Auslandsmärkten beauftragt sind. Dabei wird gerade die internationale Unternehmenstätigkeit[3] sowohl in der wirtschaftswissenschaftlichen Lehrbuchliteratur als auch in der Argumentation der Unternehmenspraxis hinsichtlich ihrer Relevanz für den Unternehmenserfolg bzw. die langfristige Unternehmensexistenz zumeist expressis verbis hervorgehoben. Demzufolge sind es gerade die Aktivitäten auf den Auslandsmärkten, die die Wettbewerbsposition des Unternehmens sichern, zur Stärkung der Ertragssituation beitragen und den Wert des Unternehmens steigern.[4]

Damit einhergehend stellt sich an dieser Stelle die Frage, wie Unternehmensinternationalität oder Unternehmenserfolg gemessen werden kann.[5] Internationale Unternehmen lassen sich quantitativ durch verschiedene Bestands- und Bewegungsgrößen beschreiben.[6] In der quantitativen Betrachtung finden sowohl Bestandsgrößen der Internationalität eines Unternehmens für eine statische Bestandsaufnahme der Unternehmensinternationalität zu einem bestimmten Zeitpunkt Anwendung als auch Bewegungsgrößen, die die Internationalität von Unternehmen während eines bestimmten Zeitraumes erfassen. Prinzipiell ergibt sich bei der quantitativen Betrachtungsweise der Nachteil, dass unter der Vielzahl gegebener Untersuchungsgrößen eine oder mehrere ausgewählt werden müssen. Je nachdem, welche Größen ausgewählt werden, ergeben sich aber oft unterschiedliche Aussagen angesichts der Internationalität eines Unternehmens oder mehrerer Unternehmen im Vergleich zueinander.[7]

Hinsichtlich dieser dargestellten Problematik quantitativer Betrachtung der Unternehmensinternationalität muss auch für den Internationalisierungsgrad herausgestellt werden, dass abhängig von den betrachteten Einfluss- und Untersuchungsgrößen differierende Ergebnisse resultieren. Der Internationalisierungsgrad kann infolgedessen nur für einen bestimmten Untersuchungszweck konkret definiert werden. In Anhängigkeit vom Untersuchungsziel müssen unter der Vielzahl von Größen, welche zur Einschätzung des Einflusses der Unternehmensinternationalität dienlich sind, diejenigen herausgefiltert werden, die im besonderen Fall von größtem Interesse sind.[8]

2. Kurzfassung des Untersuchungsvorhabens

Der Schwerpunkt des Untersuchungsvorhabens richtet sich auf die Ermittlung der Wirkung des Einflusses der Internationalität von börsennotierten deutschen, französischen und italienischen Kapitalgesellschaften auf deren Unternehmenserfolg. Die Zielerreichung basiert auf der Schätzung von verschiedenen Regressionsmodellen auf der Grundlage eines bereitgestellten Datensatzes aus der Datenbank *Datastream Advance*.

---

[1] Vgl. Osterle, Micheal-Jörg, 2007, S. 43
[2] Vgl. Macharzina, Klaus; Oesterle, Michael-Jörg, 2002, S. 47
[3] Vgl. Kreikebaum, Hartmut/Gilbert, Dirk Ulrich/Reinhardt, Glenn O., 2002, S. 77
[4] Vgl. Moser, Reinhardt, 2008, S. 81
[5] Vgl. Simon, Markus Christian, 2007, S. 16
[6] Vgl. Söllner, Albrecht, 2008, S. 352
[7] Vgl. Simon, Markus Christian, 2007, S. 17-18
[8] Vgl. Simon, Markus Christian, 2007, S. 18

Das Untersuchungsvorhaben wird dazu in einzelne Frage- und Zielstellungen zerlegt und gliedert sich damit einhergehend in vier für dieses Forschungsvorhaben untergeordnete Forschungsziele, welche jeweils den Einfluss von verschiedenen Untersuchungsgrößen auf den Unternehmenserfolg in geeigneter Form darstellen sollen.

Das *erste Forschungsziel* besteht darin, zu hinterfragen, welchen Einfluss der Faktor der Unternehmensinternationalität, gemessen über das Verhältnis von Auslandsaktiva und Gesamtaktiva zum einen als auch über das Verhältnis von Auslandsumsätzen und Gesamtumsätzen zum anderen auf den Erfolg eines Unternehmen hat. Der Erfolg des Unternehmens soll dabei einerseits auf der Ebene der Gesamtkapitalrentabilität und andererseits auf der Ebene der Marktbewertung durch die Eigenkapitalgeber gemessen werden.

Die *zweite Zielstellung* des Untersuchungsvorhabens besteht in der Frage, ob sich die Ergebnisse, welche aus vorangegangener erster Fragestellung erzielt wurden, unter Einbezug des Standortes des Unternehmens unterscheiden bzw. voneinander abweichen. Es ist zu hinterfragen, ob die Ergebnisse zum Zusammenhang von Unternehmensinternationalität und Unternehmenserfolg divergieren, wenn landesspezifische Rahmenbedingungen in die Betrachtung einbezogen werden, d.h. das Unternehmen den Hauptsitz in Deutschland, Frankreich oder Italien hat.

Mit der *dritten Zielstellung* der Forschungsarbeiten ist zu überprüfen, welchen Einfluss der Faktor der Unternehmensinternationalität in Kombination zu anderen Prädiktoren oder Faktoren des Unternehmenserfolgs, für Marktwert und Gesamtkapitalrentabilität hat. Dabei sind alle Prädiktoren zu berücksichtigen, welche im Datensatz verfügbar sind.

Mittels der *vierten Untersuchung* ist zu erforschen, ob im Hinblick auf den Unternehmenserfolg und bei Zugrundelegung verschiedener Indikatoren Interaktionseffekte bedeutsam werden. Interaktionseffekte beschreiben die Art des Zusammenwirkens von Faktoren[9], wobei angenommen wird, dass die Wirkung der Ausprägung einer dieser Variablen von den Ausprägungen der jeweils anderen Variablen anhängt.

Während des gesamten Forschungsvorhabens ist prinzipiell darauf zu achten, ob Kollinearitäts- oder Heteroskedastizitätseffekte die Qualität der Analysebefunde beeinträchtigen.

Zusammenfassend besteht das übergeordnete Ziel darin, die Wirkung der Unternehmensinternationalität auf den Unternehmenserfolg zu untersuchen mit Bezug auf länderspezifische Rahmenbedingungen als auch der Zugrundelegung verschiedener Einflussvariablen.

3. Entwicklung eines Kausalmodells

Um die theoretisch-hypothetische Konstruktion der Abhängigkeitsstrukturen in einem System von Variablen unmissverständlich darstellen zu können, wird dem in der Wirtschaftssoziologie ein sogenanntes Kausalmodell zugrunde gelegt. Das Kausalmodell sollte genau alle Untersuchungsgrößen der zu erklärenden Sachverhalte beinhalten. Die Überprüfung der potenziellen Angemessenheit des Kausalmodells für bestimmte Konstellationen ist somit Element der kausalen Analyse.[10]

Daraus schlussfolgernd wurde ein Kausalmodell entwickelt, welches alle unter Gliederungspunkt 2 aufgeführten Wechselbeziehungen der Variablen betrachtet. Es sind alle Einflussvariablen, die im Untersuchungsvorhaben eine Rolle spielen, in Abbildung 1 berücksichtigt worden.

Die Abhängigkeitsstruktur ist dabei durch Pfeile gekennzeichnet, welche den Einfluss der

---

[9] Vgl. Bortz, Jürgen/Döring, Nicola, 2006, S. 730
[10] Vgl. http://www.wirtschaftslexikon24.net/e/kausalmodell/kausalmodell.htm

unabhängigen Variablen auf die *abhängigen Variablen* symbolisieren sollen. Der Pfeil geht nur in eine Richtung, da Untersuchungsgegenstand die Wirkung des Einflusses von Unternehmensinternationalität auf den Unternehmenserfolg ist und nicht umgekehrt. Die Stärke des Einflusses ist nicht bekannt und ist aufgrund dessen im Kausalmodell nicht beschrieben.

Die unabhängige Variable ist die Unternehmensinternationalität, gemessen über die Kennzahlen FATA und FSTS. Dargestellt ist deren Einfluss auf den Unternehmenserfolg, gemessen über ROA und lnTQ. Der Einfluss der unabhängigen Variable Unternehmensinternationalität kann durch die Betrachtung landesspezifischer Rahmenbedingungen verändert werden. Des Weiteren kann sich der Einfluss der unabhängigen Variable durch die Prämisse der Rücksichtnahme auf alle Prädiktoren des Unternehmenserfolgs ebenfalls verändern. Abschließend wird die zusätzliche Berücksichtigung von Interaktionseffekten in die Betrachtung mit einbezogen.

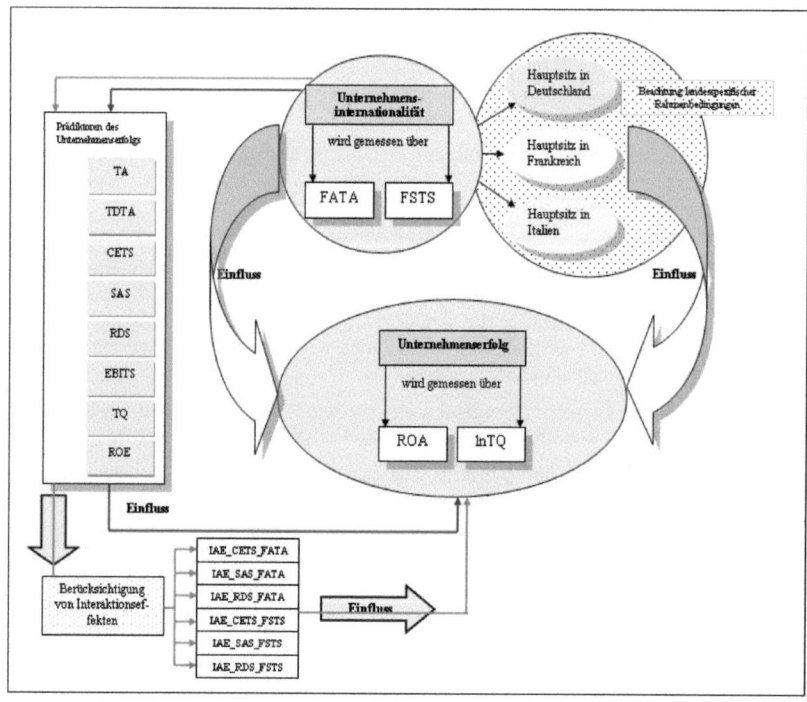

Abbildung 1 Konstruktion der Abhängigkeitsstrukturen

4. Datenbasis

Die der Forschung zugrunde liegenden Daten von deutschen, italienischen und französischen Aktiengesellschaften sind dem Datensatz aus der Datenbank *Datatream Advance* entnommen worden.

Datastream ist eine kommerzielle Datenbank von Thomson Reuters und *Datatream Advance* ist die dazugehörende Software.[11] Thomson Reuters Datastream ist die weltweit größte statistische Datenbank und verfügt über eine hohe Anzahl von bspw. Asset-Klassen, Schätzungen, Indizes und wirtschaftlichen Daten.[12] *Datastream Advance* Premium ist ein wirtschaftswissenschaftliches Computerprogramm[13], welches den Zugriff auf verschiedene Datenbanken von Thomson erlaubt. Durch den Nutzer sind dabei Daten wie Aktienkurse, Fundamentaldaten, Bondpreise, Indizes, Commodities, Optionspreise, Zinsen, Wechselkurse, Makroökonomische Daten erhältlich.[14] Datastream gewährleistet dem Nutzer den Zugriff auf mehr als 140 Millionen Zeitreihen, über 10.000 Datentypen und über 3,5 Millionen Instrumente und Indikatoren.[15]

Dem vorliegenden Untersuchungsvorhaben wird eine Grundgesamtheit von 974 Stichproben zugrunde legt. Im Untersuchungsvorhaben werden die drei Länder Deutschland, Frankreich und Italien untersucht, wobei es sich um 454 Datensätze von deutschen Unternehmen, 300 Datensätze von französischen Unternehmen und 220 Datensätze von italienischen Unternehmen handelt. Damit sind 46,6% der Grundgesamtheit Datensätze von deutschen Unternehmen. Daraus resultierend kann es beim Ländervergleich zur Verzerrungen der Ergebnisse führen, weil wesentlich weniger Daten von französischen und italienischen Unternehmen im Datensatz zur Verfügung stehen.

Jahr	Anzahl Unternehmen
1990	38
1991	42
1992	45
1993	54
1994	65
1995	80
1996	90
1997	103
1998	125
1999	140
2000	192

Tabelle 1 Anzahl aller Unternehmen 1990-2000

In nachstehendem Diagramm wird die Verteilung der Länder Deutschland, Frankreich und Italien mit den jeweiligen dem Datensatz entnommenen Zahlen, welche die Anzahl der Unternehmen widerspiegeln, über die Jahre von 1990-2000 grafisch dargestellt. Als Vergleichsdimension dazu dient die Anzahl der Unternehmen aller drei Länder, welche in Tabelle 1 aufgezeigt sind.

---

[11] Informationen stammen aus einem Interview mit einem Mitarbeiter des Instituts für schweizerisches Bankwesen der Universität Zürich.
[12] Vgl. URL: http://online.thomsonreuters.com/datastream/
[13] Vgl. URL: http://www.wiwi.uni-tuebingen.de/cms/zielgruppen/studium/nachrichten.html?no_cache=1
[14] Vgl. URL: http://www.isb.uzh.ch/forschung/datenbanken/datastream.php, University of Zurich, Swiss banking Institute
[15] Vgl. URL: http://online.thomsonreuters.com/datastream/

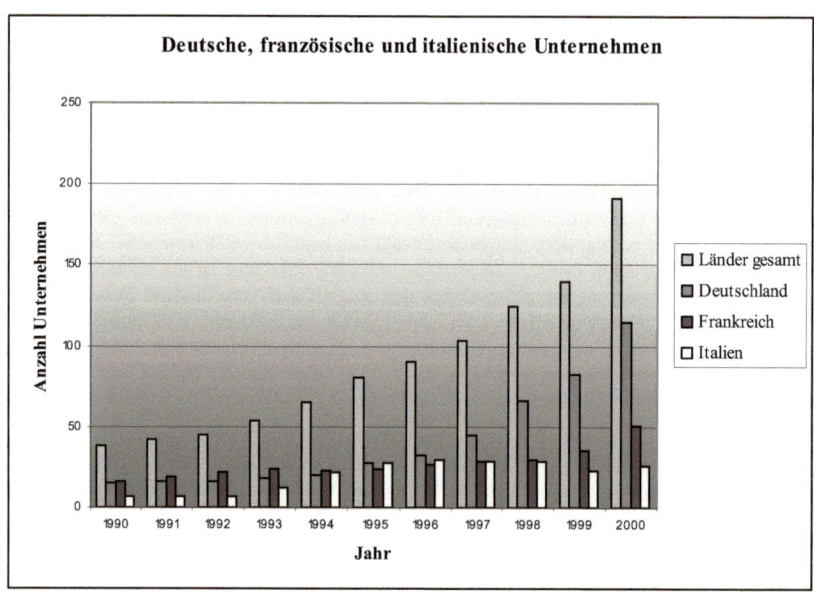

Abbildung 2 Anzahl deutscher, französischer und italienischer Unternehmen 1990-2000

Angesichts der Betrachtung von Abbildung 2 wird deutlich, dass die Anzahl deutscher Unternehmen in den Jahren von 1990 bis 2000 ansteigt, wohingegen die Anzahl der französischen und italienischen Unternehmen nur teilweise ansteigt bzw. wieder abfällt oder gar kein Zuwachs ausweist.

5. Operationalisierung relevanter Untersuchungsgrößen

Alle relevanten Untersuchungsgrößen, welche für die Untersuchung und die Erzielung der Forschungsergebnisse relevant sind, werden durch betriebswirtschaftliche Kennzahlen wiedergegeben. Anhand dieser Kennzahlen können sie messbar gemacht werden. Die relevanten Kennzahlen sind einer dem Forschungsauftrag beigefügten Datentabelle zu entnehmen.

Die Unternehmensinternationalität als stetige unabhängige Variable sowie der Unternehmenserfolg als stetige abhängige Variable werden allen zu schätzenden Regressionsmodellen zugrunde gelegt.

Der Faktor der *Unternehmensinternationalität* wird durch die Kennzahlen FSTS und FATA im Regressionsmodell operationalisiert.

	Abk.	Englische Bezeichnung	Beschreibung	Einheit
Unternehmensinternationalität				
Auslandsumsätze	FSTS	Foreign Sales / Total Sales	Quotient aus Auslandsumsätzen und Bruttoumsatz	Ant.wert
Auslandsaktiva	FATA	Foreign Assets / Total Assets	Quotient aus Auslandsaktiva und Gesamtaktiva	Ant.wert

Tabelle 2 Operationalisierung der Unternehmensinternationalität

10

Den *Unternehmenserfolg* weist die Kennzahlen des logarithmierten Tobin's Q und der Gesamt-kapitalrentabilität auf.

	Abk.	Englische Bezeich-nung	Beschreibung	Einheit
Unternehmenserfolg				
Tobin's Q	TQ	Tobin's Q[16]	Kennzahl zur Unternehmensbewer-tung, die gebildet wird aus dem Marktwert-Buchwert-Verhältnis[17]	
Gesamtkapitalrentabilität	ROA	Return on Assets	Kennzahl zum Grad der „Verzin-sung" des Gesamtkapitals, berechnet als Quotient aus der Summe von Nettogewinn und Fremdkapitalzinsen einerseits und Gesamtkapital ande-rerseits[18]	Ant.wert

Tabelle 3 Operationalisierung von Unternehmenserfolg

Zur Bearbeitung der dritten Fragestellung, wo nach der Bedeutung der Unternehmensinterna-tionalität relativ zu anderen Prädiktoren des Unternehmenserfolgs auf Marktwert und Rentabi-lität gefragt wird, werden folglich alle Prädiktoren berücksichtigt, die im Datensatz verfügbar sind. Aus diesem Grund werden somit alle weiteren für das Untersuchungsvorhaben relevan-ten Untersuchungsgrößen aufgelistet.

Der Faktor der *Unternehmensgröße* kann mittels der Kennzahl TA operationalisiert werden.

	Abk.	Englische Bezeich-nung	Beschreibung	Einheit
Unternehmensgröße				
Aktiva	TA	Total Assets	Gesamtheit der verwendeten Investi-tionsmittel	1000 €

Tabelle 4 Operationalisierung der Unternehmensgröße

Die *investiven Ausgaben* werden mittels der Kennzahlen für Kapitalaufwand, Marketing- und Verwaltungsaufwendungen als auch Forschungs- und Entwicklungsaufwendungen dargestellt.

	Abk.	Englische Bezeich-nung	Beschreibung	Einheit
Investive Ausgaben				
Kapitalaufwand	CETS	Capital Expenditures / Net Sales or Revenues	Quotient aus Kapitalaufwendungen und Umsätzen	Ant.wert
Marketing- und Verwal-tungsaufwendungen	SAS	Selling, General & Administrative Expens-es / Sales	Quotient aus Marketing- und Verwal-tungsaufwendungen und Umsatz	Ant.wert
Forschungs- und Ent-wicklungsaufwendungen	RDS	Research & Deve-lopment / Sales	Quotient aus Forschungs- und Ent-wicklungsaufwendungen und Umsatz	Ant.wert

Tabelle 5 Operationalisierung von investiven Ausgaben

---

[16] Berechnung erfolgt mit dem logarithmierten Tobin's Q-Wert (natürlicher Logarithmus) als abhängige Varia-ble.

[17] Quotient aus der Summe des Marktwerts der Stamm- und Vorzugsaktien und dem Buchwert des Fremdkapi-tals einerseits und der Summe aus dem Buchwert der Stamm- und Vorzugsaktien und dem Fremdkapital ande-rerseits

[18] gibt an, wie effizient der Kapitaleinsatz eines Investitionsvorhabens innerhalb einer Abrechnungsperiode war

Zur Messung des *Verschuldungsgrades* wird die Fremdkapitalquote TDTA verwendet.

	Abk.	Englische Bezeich-nung	Beschreibung	Einheit
Verschuldungsgrad				
Fremdkapitalquote	TDTA	Total debt / Total assets	Quotient aus der Summe von kurz- und langfristigen Verbindlichkeiten und Aktiva	Ant.wert

Tabelle 6 Operationalisierung des Verschuldungsgrades

Zur Messung der *Rentabilitätsziffern* wird die Eigenkapitalrentabilität als Kennzahl herangezogen.

	Abk.	Englische Bezeich-nung	Beschreibung	Einheit
Rentabilitätsziffern				
Eigenkapitalrentabilität	ROE	Return on Equity	Kennzahl zum Grad der „Verzinsung" des Eigenkapitals, berechnet als Quotient aus Gewinn einerseits und Eigenkapital andererseits	Ant.wert

Tabelle 7 Operationalisierung der Rentabilitätsziffern

Weiterhin sind die Kennzahlen EBITS und TQ, welche relativ zu den oben aufgeführten anderen *Prädiktoren des Unternehmenserfolgs*, als unabhängige Variablen in die Betrachtung mit einzubeziehen.

	Abk.	Englische Bezeich-nung	Beschreibung	Einheit
Unternehmenserfolg				
Gewinn vor Zinsen und Steuern	EBITS	Earnings before Interest and Taxes / Sales	Quotient aus dem Unternehmensgewinn (vor Zinsen und Steuern) und dem Umsatz	Ant.wert
Tobin's Q	TQ	Tobin's Q[19]	Kennzahl zur Unternehmensbewertung, die gebildet wird aus dem Marktwert-Buchwert-Verhältnis[20]	

Tabelle 8 Operationalisierung weiterer Einflussfaktoren auf den Unternehmenserfolg

Alle operationalisierten Faktoren werden entsprechend der Ziel- und Aufgabenstellung mit in die Betrachtung und in die Schätzung des Regressionsmodells einbezogen.

6. Forschungshypothesen

Bevor mit der Durchführung komplexer Analysen begonnen wird, ist es sinnvoll, zunächst die gegebenen Daten zu betrachten und sich einen Überblick über deren Verlauf oder Verteilung zu machen. Damit werden umfangreiche Datenmengen überschaubar und man erhält Hinweise, um Hypothesen über den Zusammenhang zwischen zwei oder mehreren Variablen aufzustellen.[21] Auf diese Weise sind Forschungshypothesen zu jedem Untersuchungsaspekt bzw. zu jeder Frage- und Zielstellung herauszubilden.

---

[19] Berechnung erfolgt mit dem logarithmierten Tobin's Q-Wert (natürlicher Logarithmus) als abhängige Variable.

[20] Quotient aus der Summe des Marktwerts der Stamm- und Vorzugsaktien und dem Buchwert des Fremdkapitals einerseits und der Summe aus dem Buchwert der Stamm- und Vorzugsaktien und dem Fremdkapital andererseits

[21] Vgl. Backhaus, Klaus/Erichson, Bernd/Plinke, Wulff/Weiber, Rolf, 2008. S. 31

Dazu werden *vier* primäre *Arbeitshypothesen* erstellt, welche sich je nach Forschungsfrage nochmals in spezifischere Hypothesen zergliedern. Diese beruhen auf den dem Untersuchungsvorhaben untergeordneten Frage- und Zielstellungen. Diese präzisen untergeordneten Hypothesen werden allerdings erst im Gliederungspunkt 8 behandelt, wo sie nahtlos mit der Ergebnisbetrachtung in Verbindung gebracht werden sollen.

Für die Bearbeitung der *ersten Forschungsaufgabe* wird die nachstehende Arbeitshypothese zugrunde gelegt: *„Der Faktor der Unternehmensinternationalität hat einen positiven Einfluss auf den Unternehmenserfolg."* Und damit einhergehend: *„Je internationaler ein Unternehmen, desto positiver ist der Einfluss auf den Unternehmenserfolg."*

Der *zweiten Forschungsfrage* wird nachfolgende Arbeitshypothese unterstellt: *„Die Unternehmensinternationalität hat einen positiven Einfluss auf den Unternehmenserfolg, wenn das Unternehmen den Hauptsitz in Deutschland hat, in Abhängigkeit von den landesspezifischen Rahmenbedingungen."* Und damit einhergehend: *„Je internationaler ein Unternehmen und mit Hauptsitz in Deutschland, desto positiver ist der Einfluss auf den Unternehmenserfolg."*

Mit der *dritten Zielstellung* wird die Bekräftigung oder Widerlegung der nachfolgenden Arbeitshypothese angestrebt: *„Alle Prädiktoren beeinflussen den Unternehmenserfolg positiv."*

Für die Untersuchung der *vierten Fragestellung* wird folgende Arbeitshypothese gebildet: *„Die Interaktionseffekte haben einen signifikanten Einfluss auf den Unternehmenserfolg."*

Die gebildeten Forschungshypothesen werden im Anschluss in der Ergebnisauswertung überprüft und bei Richtigkeit bzw. Bestätigung verifiziert oder bei Fehlerhaftigkeit falsifiziert.

7. Wahl eines geeigneten Analyseverfahrens

Zu den wichtigsten Zielen wissenschaftlicher Analysen zählt, gültige Aussagen über die Stärke von Beziehungen zwischen den Komponenten eines Theoriemodells zu formulieren. Dazu wird diejenige Komponente bestimmt, die den Einfluss ausübt und es ist auch diejenige Komponente festzulegen, auf welche dieser Einfluss ausgeübt wird.[22]

Als Analyseverfahren dient die lineare Regression. Die Regressionsanalyse hat das Ziel der Analyse von Beziehungen zwischen einer abhängigen und einer oder mehreren unabhängigen Variablen. Weiteres Ziel ist die Erklärung der Varianz der abhängigen Variablen über Merkmalsunterschiede auf der Ebene der unabhängigen Variablen. Die Überprüfung der Einflussstärke einer oder mehrerer unabhängiger Variablen auf eine abhängige Variable sowie die Überprüfung von Kausalhypothesen sind zudem Zielstellungen der Regressionsanalyse.[23]

Da sich das Forschungsvorhaben auf die Schätzung verschiedener Regressionsmodelle stützt, wird zunächst mit der *Modellformulierung* begonnen. Dem Untersuchungsvorhaben wird dazu die folgende allgemeine Regressionsfunktion zugrunde gelegt.

$$\hat{Y} = b_0 + b_1 \cdot X_1 + e \tag{1}$$

Diese Funktionsgleichung der linearen Einfachregression kann folgendermaßen interpretiert werden[24].

---

[22] Vgl. Urban, Dieter/Mayerl, Jochen, S. 26
[23] Vgl. Burkatzki, Eckhard, WS 2009/2010, Multivariate Verfahren der Datenanalyse (4), Folie 3
[24] Vgl. Burkatzki, Eckhard, WS 2009/2010, Multivariate Verfahren der Datenanalyse (4), Folie 10

Variable	Bedeutung der Variable
Y	abhängige Variable Y
X	unabhängige Variable X
b_0	Lagemaß [Konstante]-Schnittpunkt der Regressionsgeraden mit der Y-Achse ($x=0$; $y=b_0$)
b_1	Steigungsmaß [Regressionskoeffizient]
e	Fehlergröße [Error-Term]

Tabelle 9 Legende zur allgemeinen Regressionsfunktion

Dabei repräsentiert die Variable Y die abhängige Variable und die Variable X die unabhängige Variable. Entsprechend der gestellten Forderungen in den Frage-, Ziel- und Aufgabenstellungen werden die jeweiligen abhängigen Variablen und unabhängigen Variablen in die Gleichung eingesetzt. O.g. Ziel ist dabei die Analyse von Beziehungen bzw. der Abhängigkeitsstruktur zwischen einer abhängigen und einer oder mehreren unabhängigen Variablen.

Damit einhergehend werden für jede der vier für dieses Forschungsvorhaben untergeordneten Forschungsaufgaben individuelle auf die Fragestellung abgestimmte Regressionsmodelle geschätzt. Die *Schätzung der Regressionsfunktion* bildet die Basis für die anschließende Berechnung.

In allen vier Fragestellungen stellt der Unternehmenserfolg die *abhängige Variable*, gemessen auf der Ebene der Gesamtkapitalrentabilität zum einen und der Marktbewertung durch die Eigenkapitalgeber zum anderen, dar. Die Unternehmensinternationalität, gemessen über das Verhältnis von Auslandsaktiva und Gesamtaktiva zum einen und das Verhältnis von Auslandsumsätzen und Gesamtumsätzen zum anderen, ist dabei in allen vier untergeordneten Forschungszielen die *unabhängige Variable*.

Sind die Regressionsberechnungen zum jeweiligen Forschungsziel durchgeführt, erfolgt die *Interpretation signifikanter Koeffizienten und Variablen*. Dazu ist besonderes auf die Interpretation der Stärke der Signifikanz anhand der ANOVA-Tabelle der verschiedenen Regressionsmodelle einzugehen. Weiterhin ist zu schauen, wie sich die korrelierten R-Quadrat-Werte über verschiedene Modelle hinweg ändern. Zudem sind relevante Koeffizienten, wie etwa der nichtstandardisierte Regressionskoeffizient B als auch der standardisierte Koeffizient Beta mit den entsprechenden Signifikanzen zu betrachten und hinsichtlich ihrer Bedeutung für das zugrundeliegende Regressionsmodell zu interpretieren. Fernen kann geschaut werden, ob es signifikante Effekte, wenn auch mit nur geringem Erklärungsbedarf, gibt und was für Auswirkungen auf das Modell daraus folgen können.

8. Ergebnisse der Analysen

Ziel der *ersten Forschungsaufgabe* war die Überlegung, welchen Einfluss der Faktor der Unternehmensinternationalität auf den Unternehmenserfolg hat.

Zur Schätzung der Regressionsmodelle wird die allgemeine lineare Regressionsgleichung herangezogen.

$$\hat{Y} = b_0 + b_1 \cdot X_1 + e \tag{2}$$

Die Regressionsgleichung wird auf die Frage- und Zielstellung angewendet. Dabei kommen *vier bivariate Regressionsmodelle* zustande, welche die Abhängigkeitsbeziehungen der Faktoren der Unternehmensinternationalität und Unternehmenserfolg darstellen. Unternehmensinternationalität mit den Ausprägungen Auslandsaktiva und Gesamtaktiva mit der Variable FATA sowie die Ausprägungen Auslandsumsatz und Gesamtumsatz mit der Variable FSTS sind dabei die *unabhängigen Variablen*. Der Unternehmenserfolg mit den Ausprägungen Gesamtkapitalrentabilität mit der Variable ROA und der Ausprägung Marktbewertung durch die Eigenkapitalgeber mit der Variable des logarithmierten Tobin's Q stellen die *abhängigen Variable* dar.

Nachdem die Einflussvariablen bestimmt sind, ergeben sich folgende Schätzungen von Regressionsfunktionen:

$$ROA = b_0 + b_1 \cdot FATA + e \qquad (3)$$

$$ROA = b_0 + b_1 \cdot FSTS + e \qquad (4)$$

$$\ln TQ = b_0 + b_1 \cdot FATA + e \qquad (5)$$

$$\ln TQ = b_0 + b_1 \cdot FSTS + e \qquad (6)$$

Die Arbeitshypothese, welche dem ersten Untersuchungsvorhaben zugrunde gelegt wurde, wird zum besseren Verständnis nochmals aufgegriffen.

> *„Der Faktor der Unternehmensinternationalität hat einen positiven Einfluss auf den Unternehmenserfolg."* Und damit einhergehend: *„Je internationaler ein Unternehmen, desto positiver ist der Einfluss auf den Unternehmenserfolg."*

Einhergehend mit der Betrachtung der geschätzten Regressionsmodelle werden im Anschluss für jede der vier Regressionsfunktion Hypothesen gebildet. Die Annahme der Arbeitshypothese wird präzisiert, indem speziell auf die betrachteten Untersuchungsgrößen eingegangen wird. Unter Bezugnahme auf die *erste Regressionsfunktion* (3) wird nachstehende spezifische Hypothese formuliert: Der Faktor der Unternehmensinternationalität, gemessen über *FATA*, hat einen positiven Einfluss auf den Unternehmenserfolg, gemessen über *ROA*.

Nach Berechnung der linearen Regression werden die Ergebniswerte in die Regressionsfunktion (3) eingesetzt.

Damit ergibt sich nachstehende Gleichung:

$$ROA = -1{,}202 + 12{,}17 \cdot FATA \qquad (7)$$

In die *Ergebnisbetrachtung* mit einfließen werden bei ROA als abhängige Variable die Signifikanz des Regressionsmodells nach ANOVA, der korrigierte R-Quadrat-Wert und der nichtstandardisierte Regressionskoeffizient B sowie dessen Signifikanz. Die Interpretation des standardisierten Beta-Wertes ist ebenso von Relevanz.

Modell		Quadratsumme	df	Mittel der Quadrate	F	Sig.
1	Regression	2644,680	1	2644,680	19,085	,000a
	Nicht standardisierte Residuen	39770,929	287	138,575		
	Gesamt	42415,608	288			

a. Einflußvariablen : (Konstante), FATA100

b. Abhängige Variable: ROA

Abbildung 3 ANOVA-Tabelle

Dazu wird zuerst in der ANOVA-Tabelle die Signifikanz des Modells festgestellt. Wie in Abbildung 3 zu erkennen, beträgt die Signifikanz p<0,001. D.h., dass die errechneten Werte eine hohe Signifikanz aufweisen und demnach eine hohe Wahrscheinlichkeit besteht, dass die im Regressionsmodell berechneten Werte auch richtig und wahrscheinlich sind. Die Signifikanz stellt folglich die Aussagekraft der Werte dar.

					Änderungsstatistiken				
Modell	R	R-Quadrat	Korrigiertes R-Quadrat	Standardfehler des Schätzers	Änderung in R-Quadrat	Änderung in F	df1	df2	Sig. Änderung in F
1	,250ª	,062	,059	1,177177406E1	,062	19,085	1	287	,000

Modellzusammenfassung

a. Einflußvariablen : (Konstante), FATA100

Abbildung 4 Modellzusammenfassung

In Abbildung 4 kann der korrigierte R-Quadrat-Wert abgelesen werden, welcher einen Wert von 0,059 hat, was 5,9% entspricht. Durch diesen geringen Wert zeigt das Regressionsmodell lediglich eine geringe Erklärwahrscheinlichkeit. Das R-Quadrat ist ein Bestimmtheitsmaß zur Bestimmung der Anpassungsgüte und bezieht sich auf das Ausmaß der Streuung der beobachtungswerte um die Regressionsgerade. Je höher R-Quadrat, umso geringer ist die Streuung.

Nachstehende Abbildung 5 zeigt beispielhaft die Darstellung des nichtstandardisierten Regressionskoeffizienten B und des standardisierten Koeffizienten Beta sowie deren Signifikanz. Der Beat-Koeffizient mit dem Wert 0,250 gibt die Einflussstärke der Korrelation wieder und weist einen positiven signifikanten Einfluss auf ROA auf. Die Variable FATA ist signifikant und hat demzufolge einen sehr signifikanten Einfluss auf ROA. Zur Interpretation der Abbildung 5 kann folgendes gesagt werden: Wenn der Anteil der Auslandsaktiva um 1% steigt, dann steigt die Gesamtkapitalrentabilität um 12,1%.

Koeffizientenª

Modell		Nicht standardisierte Koeffizienten		Standardisierte Koeffizienten	T	Sig.
		RegressionskoeffizientB	Standardfehler	Beta		
1	(Konstante)	-1,202	1,144		-1,051	,294
	FATA100	12,170	2,786	,250	4,369	,000

a. Abhängige Variable: ROA

Abbildung 5 Koeffizienten-Tabelle

Die auf Seite 15 formulierte Hypothese kann damit einhergehend bestätigt werden.

Weiterführend wird im *zweiten Regressionsmodell* die unabhängige Variable FATA durch FSTS ersetzt. Entsprechend werden die Variablen auf die zweite Regressionsfunktion angewendet, wonach die Gesamtkapitalrentabilität als abhängige Variable bestehen bleibt. Es wird die Regressionsfunktion (4) geschätzt.

Folgende Hypothese kann aus dem Kontext abgeleitet werden: Der Faktor der Unternehmensinternationalität, gemessen über FSTS, hat positiven Einfluss auf den Unternehmenserfolg, gemessen über ROA.

Nach Berechnung der linearen Regression werden die Ergebniswerte in die Regressionsfunktion eingesetzt. Die Ergebniswerte werden in Tabelle 10 veranschaulicht.

Bei Betrachtung der *Ergebnisse* zeigt sich, dass das Modell laut ANOVA-Tabelle eine Signifikanz von p<0,001 aufweist. Das korrigierte R-Quadrat hat einen Wert von 0,012, was 1,2% an Erklärungsgehalt entspricht. Der Beta-Wert beträgt 0,114, wonach der Einfluss der Variable FSTS auf die Gesamtkapitalrentabilität als signifikant zu interpretieren ist. Als Interpretation kann gesagt werden: Wenn der Anteil der Auslandsumsätze um 1% steigt, dann steigt die Gesamtkapitalrentabilität um 6,4%.

Die zugrunde gelegte obenstehende Hypothese kann demnach bestätigt werden.

Verglichen mit dem ersten Modell mit FATA als unabhängige Variable ist die Aussagekraft des zweiten Regressionsmodells etwas schwächer, da im ersten Modell der korrigierte R-Quardrat-Wert mit 5,9% das Regressionsmodell besser erklärt hat als das korrigierte R-Quadrat im zweiten Modell mit 1,2%. Zudem ist der Beta-Koeffizient im ersten Modell mit 0,250 wesentlich höher und signifikanter ist als der im zweiten Modell mit 0,114, d.h. dass die unabhängige Variable FATA im ersten Modell einen stärkeren Einfluss auf die abhängige Variable ROA ausübt als FSTS.

Im *dritten Regressionsmodell* wird die abhängige Variable ROA durch den logarithmierten Tobin's Q ersetzt. Analog zu obiger Vorgehensweise wird zunächst die allgemeine Regressionsfunktion herangezogen und entsprechend der Variablen verändert. Dazu wird folgende Hypothese formuliert: Der Faktor der Unternehmensinternationalität, gemessen über FATA, hat positiven Einfluss auf den Unternehmenserfolg, gemessen über lnTQ.

Nach Berechnung der linearen Regression werden die Ergebniswerte in die Regressionsfunktion (5) eingesetzt, welche ebenfalls in Tabelle 10 nachzulesen sind.

In die *Ergebnisbetrachtung* mit einfließen werden bei lnTQ als abhängige Variable die Signifikanz des Regressionsmodells nach ANOVA, der korrigierte R-Quadrat-Wert und der standardisierte Beta-Wert sowie dessen Signifikanz.

Ausschlaggebend für die Interpretation der hiesigen Ergebnisse ist, dass die Signifikanz in der ANOVA-Tabelle mit dem Wert 0,753 aussagt, dass das Regressionsmodell nicht signifikant ist. Demzufolge macht es wenig Sinn, sich die anderen Werte zu beurteilen, da das Modell hier nicht erklärt wird. Das korrigierte R-Quadrat mit dem negativen Wert -0,003 bestätigt lediglich die Erklärunfähigkeit des Modells. Wenn der ANOVA-Tabelle zufolge das Modell nicht signifikant ist, kann das korrigierte R-Quadrat ignoriert werden, da es diesbezüglich zu Verzerrungen bei der Berechnung vom korrigierten R-Quadrat kommen kann. Das gesamte Modell ist in diesem Fall nicht signifikant. Die Ergebniswerte sind für eine Verwendung nicht geeignet und die Hypothese wird in diesem Fall falsifiziert.

Im *vierten Regressionsmodell* des ersten Untersuchungsschwerpunktes wird die unabhängige Variable FATA durch FSTS ersetzt und die geschätzte Regressionsgleichung (6) als Basis herangezogen. Die Hypothese lässt sich wie folgt formulieren: Der Faktor der Unternehmensinternationalität, gemessen über FSTS, hat positiven Einfluss auf den Unternehmenserfolg, gemessen über lnTQ.

Ebenso wie in vorheriger Analyse ist eine Interpretation der Ergebnisse aufgrund der Gegebenheit, dass das gesamte Modell laut ANOVA-Tabelle nicht signifikant ist, unnütz. In Abbildung 6 ist der Wert 0,788 der Signifikanz dargestellt.

ANOVA[b]					
Modell	Quadratsumme	df	Mittel der Quadrate	F	Sig.
1 Regression	,098	1	,098	,072	,788[a]
Nicht standardisierte Residuen	1194,407	879	1,359		
Gesamt	1194,504	880			

a. Einflußvariablen : (Konstante), FSTS100

b. Abhängige Variable: LnTQ

Abbildung 6 ANOVA-Tabelle

Das korrigierte R-Quadrat hat den Wert -0,001 und hat somit keinen Erklärungsgehalt für das Modell. Das Modell ist nicht signifikant und kann an dieser Stelle nicht erklärt werden und insofern ist auch die letzte Hypothese zu falsifizieren.

Weder FATA noch FSTS haben einen signifikanten Einfluss auf lnTQ.

Das korrigierte R-Quadrat ist immer in Vergleich zu den anderen korrigierten R-Quadraten der gleichen Aufgabe zu beurteilen, um das beste Modell herausstellen. In Betrachtung von ANOVA und dem Beta-Wert ist das erste Modell am signifikantesten, wonach FATA die unabhängige und ROA die abhängige Variable darstellen. Die Variable FATA hat den stärksten Einfluss auf ROA. Auch das korrigierte R-Quadrat hat im ersten Modell den besten Wert mit 5,9% Erklärungsgehalt. Somit hat die Unternehmensinternationalität, gemessen über FATA, den signifikantesten Einfluss auf den Unternehmenserfolg, gemessen über ROA. Die Regressionsmodelle mit lnTQ als abhängige Variable sind nicht geeignet.

Die nachstehende Arbeitshypothese kann demnach für das erste und zweite Modell verifiziert und muss für das dritte und vierte Modell falsifiziert werden.

> „Der Faktor der Unternehmensinternationalität hat einen positiven Einfluss auf den Unternehmenserfolg."

Alle Berechnungsergebnisse der ersten Forschungsaufgabe für die Regressionsgleichung (3) bis (6) werden zusammengefasst in Tabelle 10 aufgezeigt.

Y	X	b0	b1
ROA	FATA	- 1,202	12,170
ROA	FSTS	- 0,902	6,421
lnTQ	FATA	0,523	- 0,72
lnTQ	FSTS	0,529	0,043

Tabelle 10 Berechnungsergebnisse der Regressionsanalyse Forschungsaufgabe 1

In der *zweiten Forschungsaufgabe* des Untersuchungsvorhabens soll geklärt werden, ob die in der ersten Aufgabe erzielten Ergebnisse in Abhängigkeit von landesspezifischen Rahmenbedingungen divergieren.

Die zuvor geschätzten Regressionsfunktionen (3) bis (6) werden übernommen und für das jeweils zu untersuchende Land angewandt. Auch in dieser Aufgabenstellung werden *vier bivariate Regressionsmodelle* für je drei verschiedene Länder entwickelt. Es werden insgesamt zwölf Regressionsmodelle berechnet. Beim Ländervergleich wird besonderes Augenmerk auf die Interpretation des Beta-Wertes gelegt.

Folgende Arbeitshypothese wurde im Gliederungspunkt 6 formuliert:

> „Die Unternehmensinternationalität hat einen positiven Einfluss auf den Unternehmenserfolg, wenn

das Unternehmen den Hauptsitz in Deutschland hat, in Abhängigkeit von den landesspezifischen Rahmenbedingungen." Und damit einhergehend: „Je internationaler ein Unternehmen und mit Hauptsitz in Deutschland, desto positiver ist der Einfluss auf den Unternehmenserfolg."

Ergänzend erfolgt die Präzisierung der Hypothese, wobei die erste für das *erste Regressionsmodell* wie folgt lautet: Unter Bezugnahme auf den Hauptsitz in Deutschland hat die Variable FATA einen positiven Einfluss auf ROA.

Daher werden im ersten Modell ROA als abhängige Variable und FATA als unabhängige Variable analog zur ersten Forschungsaufgabe unter Bezugnahme auf den Hauptsitz des Unternehmens in Deutschland, Frankreich oder Italien verwendet.

Die Berechnungswerte der Regressionsgleichungen befinden sich zusammengefasst in Tabelle 11.

Hat das Unternehmen den Hauptsitz in Deutschland, ist die Signifikanz vgl. ANOVA-Tabelle sehr gut, d.h. das Regressionsmodell ist sehr signifikant. Das korrigierte R-Quadrat hat einen Wert von 0,110, was 11% Erklärungsgehalt für das Modell entsprechen. Das Regressionsmodell wird mit 11% erklärt. Deshalb besteht eine hohe Wahrscheinlichkeit der Plausibilität der Berechnungsergebnisse. Der Beta-Koeffizient bestätigt den starken Einfluss der Variable FATA auf die Variable ROA. Der Einfluss ist sehr signifikant. Demnach kann folgendes gesagt werden: Wenn der Anteil der Auslandsaktiva um 1% steigt, dann steigt die Gesamtkapitalrentabilität um 21%, wenn der Hauptsitz des Unternehmens in Deutschland ist.

In Bezug auf den Hauptsitz des Unternehmens in Frankreich ist das Modell nicht signifikant, was bei der Betrachtung der ANOVA-Tabelle durch den Signifikanzwert 0,387 zum Ausdruck kommt. Das Modell ist ungeeignet. Weiteres Indiz für die Nichteignung des Modells ist das korrelierte R-Quadrat, welches einen negativen Wert aufweist. Das Modell wird nicht ausreichend erklärt.

Die Aussagen zum Land Italien sind analog der Interpretation der Ergebniswerte von Frankreich, da auch hier der Wert für die Signifikanz in der ANOVA-Tabelle bei 0,600 liegt. Das korrigierte R-Quadrat nimmt ebenso einen negativen Wert an. Das Modell ist insgesamt nicht signifikant.

Daraus resultiert, dass nur in Verbindung mit dem Hauptsitz in Deutschland die Unternehmensinternationalität, gemessen über FATA, einen positiven Einfluss auf den Unternehmenserfolg ROA hat.

Die Hypothese kann verifiziert werden.

Im *zweiten Modell* werden die Berechnungen mit FSTS als unabhängige Variable durchgeführt. Folgende Hypothese wird zugrunde gelegt: Unter Bezugnahme auf den Hauptsitz des Unternehmens in Deutschland hat die Variable FSTS einen positiven Einfluss auf ROA.

Mit Hauptsitz in Deutschland ist das Regressionsmodell signifikant, was aus der ANOVA-Tabelle hervorgeht. Das korrigierte R-Quadrat hat einen Erklärungsgehalt von 3,5%. Der Beta-Wert deutet auf einen starken Einfluss der Variable FSTS in Bezug auf ROA hin. Demnach kann formuliert werden: Wenn der Anteil der Auslandsumsätze um 1% steigt, dann steigt die Gesamtkapitalrentabilität um 12,3%, wenn der Hauptsitz des Unternehmens in Deutschland ist.

Hat das Unternehmen den Hauptsitz in Frankreich, ist das Modell nicht signifikant, da der Wert der Signifikanz in der ANOVA-Tabelle bei 0,575 liegt. Weitere Werte sind folglich nicht mehr in die Betrachtung einzubeziehen.

Für das Land Italien ist es ähnlich, weil auch in diesem Fall der Wert der Signifikanz vgl. ANOVA-Tabelle bei 0,366 liegt. Das bedeutet, dass das Modell nicht signifikant ist. Der korrigierte R-Quadrat-Wert bestätigt, dass das Modell nicht erklärt werden kann.

Die Hypothese wird bestätigt.

Betrachtet man die beiden Modelle, welche für Frankreich und Italien nicht signifikant sind, ist mit Hauptsitz in Deutschland das erste Modell das Signifikantere von beiden.

Im *dritten Modell* wird FATA als unabhängige Variable und lnTQ als abhängige Variable eingesetzt. Dazu wird folgende Hypothese formuliert: Unter Bezugnahme auf den Hauptsitz in Deutschland hat die Variable FATA einen positiven Einfluss auf lnTQ.

Im Vergleich zu den vorherigen zwei Modellrechnungen kommt es hier durch die Veränderung der abhängigen Variable zu einem veränderten Berechnungsergebnis. Demnach ist nicht mehr nur das Regressionsmodell für Deutschland signifikant, sondern auch das für Frankreich. Der ANOVA-Tabelle zufolge ist das Modell für Deutschland mit einem Wert von 0,005 als auch für Frankreich mit einem Wert von 0,008 signifikant. Das korrigierte R-Quadrat hat mit Hauptsitz in Deutschland einen Wert von 0,063 und mit Hauptsitz in Frankreich einen Wert von 0,048. Demzufolge werden die Modelle mit 6,3% bzw. mit 4,8% erklärt. Auch die Variable FATA ist in beiden Fällen signifikant und hat folglich Einfluss auf lnTQ. Mit Hauptsitz in Deutschland übt FATA einen positiven Einfluss auf lnTQ aus. Dazu kann gesagt werden: Wenn der Anteil der Auslandsaktive um 1% steigt, dann steigt der lnTQ um den Wert 0,811. Mit Hauptsitz in Frankreich übt FATA einen negativen Einfluss auf lnTQ aus. Es kann gesagt werden: Wenn der Anteil der Auslandsaktiva um 1% fällt, dann fällt der lnTQ um den Wert 0,732. Das Land Italien hingegen ist vgl. ANOVA-Tabelle nicht signifikant.

Da die Hypothese besagt, dass die Unternehmensinternationalität nur in Kombination mit Hauptsitz des Unternehmens in Deutschland einen positiven Einfluss auf den Unternehmenserfolg haben kann, wird sie verifiziert.

Im *vierten Regressionsmodell* der drei Unternehmen wird FSTS als unabhängige Variable und lnTQ als abhängige Variable in die Regressionsgleichung eingesetzt. Dazu wird folgende Hypothese formuliert: Unter Bezugnahme auf den Hauptsitz in Deutschland hat die Variable FSTS einen positiven Einfluss auf lnTQ.

Das Regressionsmodell für Deutschland ist unter diesen Bedingungen nicht signifikant, wie in der ANOVA-Tabelle nachzulesen ist. Für das Land Frankreich ist das Modell ebenfalls nicht signifikant und für Italien gilt das gleiche.

Die Hypothese wird in diesem Fall falsifiziert.

Die Arbeitshypothese aus Gliederungspunkt 6 kann nur für die ersten drei Modelle verifiziert werden.

> *„Je internationaler ein Unternehmen und mit Hauptsitz in Deutschland, desto positiver ist der Einfluss auf den Unternehmenserfolg. "*

Dabei ist aber zu berücksichtigen, dass 46,6% des gesamten Datensatzes deutsche Unternehmen sind, was in der Ergebnisberechnung zu Verzerrungen führen kann.

In Tabelle 11 wird eine Übersicht zu den Berechnungsergebnissen der Regressionsfunktionen (3) bis (6) für Deutschland, Frankreich und Italien gegeben.

Y	X	b0	b1
Hauptsitz in Deutschland			
ROA	FATA	- 6,298	21,005
ROA	FSTS	- 4,899	12,254
lnTQ	FATA	0,502	0,811
lnTQ	FSTS	0,506	0,169
Hauptsitz in Frankreich			
ROA	FATA	3,874	2,234
ROA	FSTS	1,151	2,339
lnTQ	FATA	0,611	- 0,732
lnTQ	FSTS	0,218	0,335
Hauptsitz in Italien			
ROA	FATA	6,425	- 8,473
ROA	FSTS	5,310	- 1,071
lnTQ	FATA	0,573	- 1,590
lnTQ	FSTS	0,734	- 0,163

Tabelle 11 Berechnungsergebnisse der Regressionsanalyse Forschungsaufgabe 2

In der *dritten Forschungsaufgabe* besteht die Zielstellung in der Analyse, welche Bedeutung die Unternehmensinternationalität in Kombination zu anderen Prädiktoren für den Unternehmenserfolg hat. Folgende Arbeitshypothese wurde in Gliederungspunkt 6 zugrunde gelegt:

„Alle Prädiktoren beeinflussen den Unternehmenserfolg positiv."

Die dritte Forschungsaufgabe erfordert keine Präzisierung der Hypothesen.

Aufgrund des Bezuges auf alle Prädiktoren des Datensatzes werden die Regressionsgleichungen (3) bis (6) modifiziert und um alle Prädiktoren aus dem Datensatz ergänzt.

$$ROA = b_0 + b_1 \cdot FATA + b_2 \cdot TQ + b_3 \cdot ROE + b_4 \cdot CETS + b_5 \cdot SAS + b_6 \cdot RDS +$$
$$b_7 \cdot TDTA + b_8 \cdot TA + b_9 \cdot EBITS \tag{8}$$

$$ROA = b_0 + b_1 \cdot FSTS + b_2 \cdot TQ + b_3 \cdot ROE + b_4 \cdot CETS + b_5 \cdot SAS + b_6 \cdot RDS +$$
$$b_7 \cdot TDTA + b_8 \cdot TA + b_9 \cdot EBITS \tag{9}$$

$$\ln TQ = b_0 + b_1 \cdot FATA + b_2 \cdot TQ + b_3 \cdot ROE + b_4 \cdot CETS + b_5 \cdot SAS + b_6 \cdot RDS +$$
$$b_7 \cdot TDTA + b_8 \cdot TA + b_9 \cdot EBITS \tag{10}$$

$$\ln TQ = b_0 + b_1 \cdot FSTS + b_2 \cdot TQ + b_3 \cdot ROE + b_4 \cdot CETS + b_5 \cdot SAS + b_6 \cdot RDS +$$
$$b_7 \cdot TDTA + b_8 \cdot TA + b_9 \cdot EBITS \tag{11}$$

Da es sich um ein multiples Modell handelt, liegt der Schwerpunkt der Interpretation bei dieser Aufgabe auf der Betrachtung der Haupteffekte sowie der Untersuchung auf Heteroskedastizität. Eine Untersuchung auf Kollinearität ist ebenso denkbar, dennoch wird sich ein möglicher Verdacht hier nicht bestätigen.

Daher werden im *ersten Regressionsmodell* ROA als abhängige Variable und FATA als unabhängige Variable analog zur ersten Forschungsaufgabe mit Berücksichtigung aller Prädiktoren des Unternehmenserfolgs verwendet.

Das erste Regressionsmodell ist insgesamt vgl. ANOVA-Tabelle mit dem Wert p<0,001 signifikant. Das Regressionsmodell wird dem korrigierten R-Quadrat-Wert zufolge mit 84,4% sehr gut erklärt. Das kann damit begründet werden, dass mehrere unabhängige Variablen mit in die Betrachtung einbezogen wurden, was den Erklärungsgehalt des Modells steigert. Laut Koeffiziententabelle sind die Werte von TQ mit 0,702, CETS mit 0,249 und TDTA mit 0,860 nicht signifikant. Deswegen wird erneut eine Berechnung ohne diese Variablen durchgeführt. Das neue Regressionsmodell ist signifikant und wird mit 85,2% erklärt.

Folgende Prüfkriterien zur Untersuchung auf Kollinearität werden zugrunde gelegt[25]:

Ermittlung des Toleranzwertes:	Toleranzwert$_i$ < 0,1: Verdacht auf Kollinearität
	Toleranzwert$_i$ < 0,01: sicherer Indikator für Kollinearität
Betrachtung des VIF-Wertes:	VIF-Wert < 4: kein Verdacht auf Kollinearität
Betrachtung des Konditionsindex:	Konditionsindex$_i$ 10 bis 30: mäßige Kollinearität
	Konditionsindex$_i$ > 30: starke Kollinearität
Analyse der Korrelationsmatrix:	r > + / - 0,5: Verdacht auf Kollinearität

Die Prüfung des Toleranz- und VIF-Wertes ergab, dass zwischen den Variablen keine Kollinearität besteht. Starke Korrelationen nach Pearson sind der Korrelationsmatrix zu entnehmen. Demnach sind hohe Korrelationen zwischen den Variablen ROA und ROE mit dem Wert 0,590 sowie ROA und EBITS mit 0,847. Die Prädiktoren SAS und TA weisen einen negativen Einfluss auf. Als Beispiel für SAS mit einem negativen und RDS mit einem positiven Einfluss kann gesagt werden: Wenn der Anteil der Marketing- und Verwaltungsaufwendungen um 1 Einheit fällt, dann fällt die Gesamtkapitalrentabilität um 0,027 Einheiten und wenn der Anteil der Forschungs- und Entwicklungsaufwendungen um eine Einheit steigt, steigt die Gesamtkapitalrentabilität um 0,096 Einheiten. Dies kann analog auf alle Faktoren angewendet werden.

Insgesamt hat die Variable EBITS den signifikantesten Einfluss auf ROA. Wenn der Anteil von EBITS um eine Einheit steigt, steigt die Gesamtkapitalrentabilität um 40,724 Einheiten.

Die Prüfung auf Heteroskedastizität erfolgt nach Augenschein mit Hilfe der Abbildung 7. Heteroskedastizität liegt vor, d.h. dass Varianzen für einzelne Variablen inhomogen sind, was eindeutig aus der Grafik hervorgeht.

Die Hypothese, dass alle Prädiktoren in Kombination mit FATA einen positiven Einfluss auf ROA haben, wird hiermit falsifiziert. Vor und nach Herausnahme der nicht signifikanten Variablen haben einige Variablen einen negativen Einfluss auf ROA.

---

[25] Vgl. Burkatzki, Eckhard, WS 2009/2010, Multivariante Verfahren der Datenanalyse (4), Folie 43-54

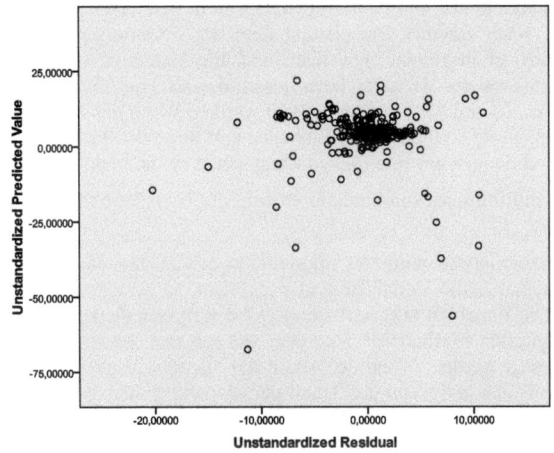

Abbildung 7 Heteroskedastizität

Im *zweiten Regressionsmodell* wird FATA durch FSTS ersetzt, ROA bleibt als abhängige Variable bestehen.

Auch hier weist das Modell vgl. ANOVA-Tabelle mit dem Wert p<0,001 insgesamt eine hohe Signifikanz auf. Das korrigierte R-Quadrat hat einen Wert von 0,84, womit das Modell mit 84% sehr gut erklärt werden kann. Die Variablen FSTS mit dem Wert 0,894, TQ mit 0,726 und TDTA mit 0,964 sind für dieses Modell nicht signifikant. Nach Entfernung der Variablen ist das Modell signifikant und wird mit 75,9% sehr gut erklärt. Dennoch ist die Variable RDS nicht mehr signifikant, so dass eine dritte Berechnung dieses Modells anfällt. Das dritte Modell wird mit 75,9% erklärt und alle Variablen sind sehr signifikant.

Die Variablen CETS und EBITS legen den Verdacht auf Kollinearität nahe, weil deren VIF-Werte über dem Wert 4 liegen und ebenso die Toleranz-Werte grenzwertig sind. EBITS und ROA weisen mit einem Wert von 0,497 laut Korrelationsmatrix hohe Korrelationen auf. Aber auch ROA und ROE mit dem Wert 0,571, CETS und EBITS mit dem Wert -0,879 und SAS und EBITS mit dem Wert -0,822 korrelieren stark miteinander.

Alle Variablen üben einen signifikanten Einfluss auf ROA aus, wobei nur der Einfluss der Variable TA mit -0,061 negativ ist. Demnach kann gesagt werden: Wenn der Anteil der Eigenkapitalrentabilität um 1 Einheit steigt, dann steigt die Gesamtkapitalrentabilität um 0,076 Einheiten. Wenn der Anteil des Kapitalaufwands um 1 Einheit steigt, dann steigt die Gesamtkapitalrentabilität um 0,288 Einheiten. Wenn der Anteil der Marketing- und Verwaltungsaufwendungen um eine Einheit steigt, steigt die Gesamtkapitalrentabilität um 0,042 Einheiten. Wenn der Anteil der Aktiva um eine Einheit fällt, fällt die Gesamtkapitalrentabilität um 0,0000000042 Einheiten. Wenn der Anteil der EBITS um eine Einheit steigt, steigt die Gesamtkapitalrentabilität um 28,95 Einheiten. Die Variable EBITS hat hier den signifikantesten Einfluss auf ROA.

Die Hypothese wird demnach falsifiziert, dass alle Prädiktoren einen positiven Einfluss auf ROA uss haben. Die Prüfung auf Heteroskedastizität zeigt eine Streuung, welche besagt, dass die Varianz der Residuen für alle anderen Prädiktoren signifikant unterschiedlich ist.

Im *dritten Regressionsmodell* wird als abhängige Variable lnTQ und als unabhängige Variable FATA eingesetzt. Das Modell ist insgesamt signifikant und wird mit 53,6% erklärt. Nicht signifikant ist die Variable ROE mit dem Wert 0,535. In diesem Modell besteht kein Verdacht auf Kollinearität. Nach erneuter Berechnung liegt der Erklärungsgehalt des Modells bei 53,7%. Das Modell ist insgesamt signifikant und alle Variablen sind laut Koeffizienten-Tabelle signifikant. Zwei der Variablen beeinflussen den lnTQ negativ. Den stärksten Einfluss haben die Variablen TQ und RDS. Es kann gesagt werden: Wenn der Anteil des TQ um 1 Einheit steigt, dann steigt der lnTQ um 0,006 Einheiten und wenn der Anteil der Forschungs- und Entwicklungsaufwendungen um eine Einheit stiegt, stiegt der lnTQ um 0,021 Einheiten.

Aufgrund negativen Einflusses von Prädiktoren wird die Hypothese falsifiziert. Es liegt Heteroskedastizität vor.

Im *vierten Regressionsmodell* wird FATA durch FSTS ersetzt. Das Modell ist signifikant und wird mit 65,4% erklärt. Alle Variablen sind signifikant, so dass keine erneute Berechnung notwendig wird. Die Variablen ROE, TDTA und TA beeinflussen die abhängige Variable negativ. Den signifikantesten Einfluss hat TQ sowie SAS mit den Beta-Werten 0,770 sowie mit 0,145. Es kann gesagt werden: Wenn der Anteil des TQ um 1 Einheit steigt, dann steigt der lnTQ um 0,008 Einheiten und wenn der Anteil der Marketing- und Verwaltungsaufgaben um eine Einheit steigt, steigt der lnTQ um 0,008.

Kollinearität ist nach den Prüfkriterien siehe Seite 22 nicht gegeben. Die VIF-Werte liegen größtenteils zwischen 1 und 2. Hohe Korrelationen mit einem Wert von 0,767 sind zwischen lnTQ und TQ zu verzeichnen. Grenzwertige Korrelationen sind zwischen EBITS und ROA mit dem Wert 0,498 gegeben. Heteroskedastizität besteht im Modell.

Zusammenfassend betrachtet haben die ersten beiden Modelle den höchsten Erklärungsgehalt und im vierten Modell sind nach der ersten Berechnung alle Variablen signifikant. Insgesamt gibt es keine Überschneidungen der Streuungen von unabhängigen Variablen, so dass es zu keinen Verzerrungen kommt. Lediglich im zweiten Modell besteht Verdacht auf Kollinearität.

Die Arbeitshypothese aus dem Gliederungspunkt 6 kann nicht bestätigt werden, da nicht alle Prädiktoren einen positiven Einfluss auf den Unternehmenserfolg ausüben.

In der **vierten Forschungsfrage** ist festzustellen, ob Interaktionseffekte im Hinblick auf den Unternehmenserfolg bedeutsam werden.

Folgende Arbeitshypothese aus Gliederungspunkt 6 wurde formuliert:

„Die Interaktionseffekte haben einen signifikanten Einfluss auf den Unternehmenserfolg."

Analog zu den vorherigen Forschungsaufgaben erfolgt die Schätzung der Regressionsgleichungen:

$$ROA = b_0 + b_1 \cdot FATA + b_2 \cdot CETS + b_3 \cdot SAS + b_4 \cdot RDS + b_5 \cdot IAE\_FATA\_CESTS + b_6 \cdot IAE\_FATA\_SAS + b_7 \cdot IAE\_FATA\_RDS \tag{12}$$

$$ROA = b_0 + b_1 \cdot FSTS + b_2 \cdot CETS + b_3 \cdot SAS + b_4 \cdot RDS + b_5 \cdot IAE\_FSTS\_CESTS + b_6 \cdot IAE\_FSTS\_SAS + b_7 \cdot IAE\_FSTS\_RDS \tag{13}$$

$$\ln TQ = b_0 + b_1 \cdot FATA + b_2 \cdot CETS + b_3 \cdot SAS + b_4 \cdot RDS + b_5 \cdot IAE\_FATA\_CESTS + b_6 \cdot IAE\_FATA\_SAS + b_7 \cdot IAE\_FATA\_RDS \tag{14}$$

$$\ln TQ = b_0 + b_1 \cdot FSTS + b_2 \cdot CETS + b_3 \cdot SAS + b_4 \cdot RDS + b_5 \cdot IAE\_FSTS\_CESTS + b_6 \cdot IAE\_FSTS\_SAS + b_7 \cdot IAE\_FSTS\_RDS \tag{15}$$

Im vierten Untersuchungsvorhaben kommt der Prüfung auf Kollinearität eine besondere Bedeutung zu, weil das Modell Haupt- und Interaktionseffekte beinhaltet. Somit können Überlappungen in der Varianz entstehen, was sich als Kollinearitätsproblem bemerkbar macht. Es kommt demnach zu doppelten Effekten in den Interaktionseffekten.

Im *ersten Regressionsmodell* ist ROA die abhängige und FATA die unabhängige Variable. Das Modell ist insgesamt signifikant. Das korrigierte R-Quadrat hat einen Wert von 0,401, was eine sehr hohe Erklärkraft für das Modell signalisiert. FATA ist nicht signifikant. Die Prüfung auf Kollinearität mittels VIF-Wert zeigt, dass die Variablen CETS, IAE_FATA_CETS und IAE_FATA_SAS über dem Wert 4 liegen und somit Kollinearität vorliegt. Toleranz- und VIF-Werte sind in Abbildung 8 dargestellt.

Koeffizienten[a]							
	Nicht standardisierte Koeffizienten		Standardisierte Koeffizienten			Kollinearitätsstatistik	
Modell	RegressionskoeffizientB	Standardfehler	Beta	T	Sig.	Toleranz	VIF
1 (Konstante)	6,688	1,452		4,605	,000		
FATA100	3,856	4,258	,075	,859	,391	,272	3,672
CETS	,242	,127	,202	1,915	,056	,188	5,324
SAS	-,211	,036	-,491	-5,923	,000	,302	3,307
RDS	-,447	,059	-,467	-7,591	,000	,550	1,818
IAE_FATA_CETS	-,704	,333	-,239	-2,118	,035	,163	6,144
IAE_FATA_SAS	,206	,123	,166	1,671	,096	,210	4,768
IAE_FATA_RDS	,846	,195	,298	4,337	,000	,441	2,268

a. Abhängige Variable: ROA

Abbildung 8 Koeffizienten-Tabelle mit Kollinearitätsprüfung

Der Korrelationsmatrix zu entnehmen ist, dass zwischen Haupteffekten, die sich in Interaktionseffekten widerspiegeln, besonders hohe Korrelationen bestehen und somit der Verdacht auf Kollinearität bestärkt wird. Zwischen CETS und IAE_FATA_CETS liegt der Wert bei 0,772, d.h. die Werte korrelieren. Das kann damit erklärt werden, dass sich CETS in seinen Streuungen durch Haupt- und Interaktionseffekt überschneidet. Weiterhin hohe Korrelationen befinden sich zwischen den Werten SAS und IAE_FATA_SAS mit dem Wert 0,58, was 58% entsprechen und laut Prüfkriterien siehe Seite 22 den Verdacht auf Kollinearität darlegen. Gleiches gilt für RDS und IAE_FATA_RDS, welche einen Wert von 0,537 aufweisen. Diese Werte kann man der Koeffizienten-Tabelle nicht entnehmen, dazu ist die Korrelationsmatrix heranzuziehen.

Die Interaktionseffekte sind signifikant, wobei IAE_FATA_CETS einen signifikanten negativen Einfluss auf ROA und IAE_FATA_SAS sowie IAE_FATA_RDS einen signifikanten positiven Einfluss auf ROA haben.

Die Hypothese kann verifiziert werden.

Das *zweite Modell* mit FSTS als unabhängige Variable ist signifikant und wird mit 24,9% erklärt. Alle Variablen außer IAE_FSTS_SAS sowie IAE_FSTS_RDS sind signifikant. CETS, SAS, RDS, IAE_FSTS_SAS und IAE_FSTS_RDS weisen einen VIF-Wert größer als 4 auf. Es besteht der Verdacht auf Kollinearität. FSTS und IAE_FSTS_CETS weisen keine Kollinearität vor.

Nach Prüfung der Korrelationsmatrix können analoge Rückschlüsse auf vorheriges Modell getroffen werden.

Währenddessen im ersten Modell CETS und IAE_FATA_CETS einen Verdacht auf Kollinearität weckten, sind es im zweiten Modell SAS und dessen Interaktionseffekt mit FSTS sowie RDS mit dessen Interaktionseffekt FSTS.

Nur einer der drei Interaktionseffekte ist signifikant, wobei dennoch alle einen negativen Einfluss auf ROA haben. IAE_FSTS_CETS ist zwar signifikant, hat aber dennoch einen negativen Einfluss auf ROA, gemessen am Beta-Wert -0,120. Die Hypothese wird falsifiziert.

Im *dritten Regressionsmodell* ist lnTQ die abhängige und FATA die unabhängige Variable. Das Modell ist signifikant, wird aber im Vergleich zu den beiden vorherigen Modellen nicht so stark erklärt. Das korrigierte R-Quadrat hat den Wert 0,136, wonach er das Modell mit 13,6% erklärt. SAS, RDS, IAE_FATA_CETS und IAE_FATA_SAS sind nicht signifikant. Bei RDS und IAE_FATA_RDS liegt der VIF-Wert unter 4. Zwischen den übrigen Variablen besteht der Verdacht auf Kollinearität.

Auch im vorliegenden Fall bestätigt sich die Vermutung, dass zwischen den Haupt- und Interaktionseffekten hohe Korrelationen bestehen, wobei diese im dritten Modell bei den Haupteffekten CETS und SAS sowie deren Interaktionseffekten deutlich höher sind als bei RDS und IAE_FATA_RDS.

Nur der Interaktionseffekt mit RDS ist signifikant. Insgesamt haben aber alle Effekte einen positiven Einfluss auf lnTQ. Unter Bezugnahme auf die Signifikanz wird die Hypothese widerlegt.

Im *vierten Regressionsmodell* wird FSTS zur unabhängigen Variable. Das Modell ist signifikant und wird mit 40% erklärt. Keine der Variablen ist signifikant und lediglich die Variable FSTS liegt unter dem VIF-Wert 4. Das gesamte Modell ist vgl. ANOVA-Tabelle zwar signifikant, aber da keine der Variablen signifikant sind, ist das Modell ungeeignet. Alle Interaktionseffekte sind nicht signifikant, wie aus Abbildung 9 hervorgeht.

Die Korrelationsmatrix macht deutlich, dass im vierten Modell alle Haupteffekte mit allen drei Interaktionseffekten den Verdacht auf Kollinearität aufzeigen.

Die Hypothese wird falsifiziert, da keiner der Interaktionseffekte Signifikanz aufweisen.

Das vierte Modell hat den geringsten Erklärungsgehalt und ist somit am wenigsten geeignet. Aus den ersten drei Regressionsmodellen geht hervor, dass in Abhängigkeit von ROA bzw. lnTQ als abhängiger und FATA bzw. FSTS als unabhängiger Variable die Haupteffekte in Kombination zu den Interaktionseffekten zu unterschiedlichen Ergebnissen bzw. auch Verzerrungen der Ergebnisse führen.

Heteroskedastizität ist in allen vier Regressionsmodellen gegeben.

Koeffizienten[a]		Nicht standardisierte Koeffizienten		Standardisierte Koeffizienten			Kollinearitätsstatistik	
Modell		RegressionskoeffizientB	Standardfehler	Beta	T	Sig.	Toleranz	VIF
1	(Konstante)	,408	,130		3,130	,002		
	FSTS100	-,263	,252	-,056	-1,046	,296	,385	2,598
	CETS	,000	,009	,004	,047	,962	,151	6,641
	SAS	,004	,003	,079	1,180	,238	,245	4,086
	RDS	,004	,007	,039	,560	,576	,220	4,538
	IAE_FSTS_CETS	,007	,014	,045	,530	,596	,154	6,474
	IAE_FSTS_SAS	,008	,007	,076	1,038	,300	,202	4,954
	IAE_FSTS_RDS	,017	,015	,079	1,162	,246	,234	4,268

a. Abhängige Variable: LnTQ

Abbildung 9 Koeffizienten-Tabelle mit Signifikanz der Effekte

9. Zusammenfassung und Fazit

Das vorliegende Untersuchungsvorhaben hatte zum Ziel, den Einfluss der Unternehmensinternationalität auf den Unternehmenserfolg zu analysieren. Werden in einem Regressionsmodell nur zwei Variablen betrachtet, d.h. eine abhängige und eine unabhängige Variable, so ist die Aussagekraft über den Einfluss von Internationalität auf den Unternehmenserfolg eher schwach. Das bestätigen auch die Forschungsergebnisse in der ersten Forschungsaufgabe, wonach die Aussagekraft der Modelle keinen großen Erklärungsgehalt vorweisen konnte.

Wie eingangs in der thematischen Einführung bereits erwähnt wurde, hängt es wesentlich von den Untersuchungsgrößen ab, die in die Betrachtung mit einbezogen werden. Je nach ausgewählten Einflussvariablen können sich die Untersuchungsergebnisse deutlich unterscheiden und in ihrer Aussagekraft divergieren.

Werden landesspezifische Rahmenbedingungen in der Regressionsanalyse beachtet, differieren die Ergebnisse im Ländervergleich. Wenn derartige Rahmenbedingungen keine Beachtung finden, macht eine Analyse wenig Sinn.

In diesem Kontext sollte der Einfluss der Unternehmensinternationalität durchweg im Zusammenhang mit anderen Faktoren analysiert werden. Somit kann die Aussagekraft des Regressionsmodells, aber auch die Qualität der Analysebefunde verbessert werden.

Wird eine Vielzahl von Einflussvariablen in die Analyse einbezogen, kann die Bedeutung signifikanter Faktoren herausgestellt werden, es kann aber auch zu Verzerrungen der Ergebnisse kommen. So besteht bspw. die Gefahr der Kollinearität, was die Forschungsergebnisse der vierten Forschungsaufgabe deutlich machen. Bestehen in einem Modell Haupt- und Interaktionseffekte nebeneinander, entstehen Überlappungen in der Varianz, weil die Effekte innerhalb einer Regressionsanalyse zweimal vorkommen.

Daraus ergibt sich, dass in Anhängigkeit vom Untersuchungsziel unter der Vielzahl von Untersuchungsgrößen, welche zur Einschätzung des Einflusses der Unternehmensinternationalität auf den Unternehmenserfolg dienen können, diejenigen herausgefiltert werden sollten, die im besonderen Fall von größtem Interesse sind aber auch die Qualität der Analyseergebnisse nicht beeinträchtigen.

Literaturangaben

Fachliteratur

Backhaus, Klaus; Erichson, Bernd; Plinke, Wulff; Weiber, Rolf (2008): Multivariate Analysemethoden, Eine anwendungsorientierte Einführung, Springer-Verlag Berlin Heidelberg, 12., vollständig überarbeitete Auflage

Bortz, Jürgen; Döring, Nicola (2006): Forschungsmethoden und Evaluation für Human- und Sozialwissenschaftler, Springer Medizin Verlag Heidelberg, 4. Auflage

Burkatzki, Eckhard: Multivariate Verfahren der Datenanalyse (4), Allgemeines Regressionsmodell und bivariate Regression, nicht veröffentlichtes Vorlesungsskript, WS 2009/2010

Kreikebaum, Hartmut; Gilbert, Dirk Ulrich; Reinhardt, Glenn O. (2002): Organisationsmanagement internationaler Unternehmen, Grundlagen und moderne Netzwerkstrukturen, Betriebswirtschaftlicher Verlag Dr. Th. Gabler, Wiesbaden, 2. Auflage Mai 2002

Macharzina, Klaus; Oesterle, Michael-Jörg (2002): Handbuch internationales Management, Betriebswirtschaftlicher Verlag Dr. Th. Gabler, Wiesbaden, 2. Auflage September 2002

Moser, Reinhard (2008): Ausländische Direktinvestitionen – Neuere Entwicklungen, Entscheidungsinstrumente und führungsrelevante Folgen, Gabler Edition Wissenschaft, Betriebswirtschaftlicher Verlag Dr. Th. Gabler / GWV Fachverlage GmbH, Wiesbaden, 1. Auflage 2008

Osterle, Michael-Jörg (2007): Internationales Management im Umbruch, Globalisierungsbedingte Einwirkungen auf Theorie und Praxis, Gabler Edition Wissenschaft, Deutscher Universitäts-Verlag / GWV Fachverlage GmbH, Wiesbaden, 1. Auflage Juni 2007

Simon, Markus Christian (2007): Der Internationalisierungsprozess von Unternehmen, Ressourcenorientierter Theorierahmen als Alternative zu bestehenden Ansätzen, Gabler Edition Wissenschaft, Deutscher Universitäts-Verlag / GWV Fachverlage GmbH, Wiesbaden, 1. Auflage März 2007

Söllner, Albrecht (2008): Einführung in das internationale Management, Eine institutionenökonomische Perspektive, Betriebswirtschaftlicher Verlag Dr. Th. Gabler / GWV Fachverlage GmbH, Wiesbaden, 1. Auflage 2008

Urban, Dieter; Mayerl, Jochen (2008): Regressionsanalyse: Theorie, Technik und Anwendung, VS Verlag für Sozialwissenschaften / GWV Fachverlage GmbH, Wiesbaden, 3. überarbeitete und erweiterte Auflage 2008

Internetquellen:

In: Wirtschaftslexikon24.net. Bearbeitungsstand: 17.01.2010
URL: http://www.wirtschaftslexikon24.net/e/kausalmodell/kausalmodell.htm

In: Thomson Reuters, Datastream. Bearbeitungsstand: 05.01.2010,
URL: http://online.thomsonreuters.com/datastream/

In: Wirtschaftswissenschaftliche Fakultät Universität Tübingen. Bearbeitungsstand:
05.01.2010,
URL: http://www.wiwi.uni-
tuebingen.de/cms/zielgruppen/studium/nachrichten.html?no_cache=1

In: University of Zurich, Swiss Banking Institute. Bearbeitungsstand: 20.01.2010,
URL: http://www.isb.uzh.ch/forschung/datenbanken/datastream.php, University of Zurich,
Swiss banking Institute